Insa von Jürgensonn und Gerd Niklas Köster

ESG-Anforderungen an das Corporate Real Estate Management

AF670606

Kontakt:

Dr. Insa von Jürgensonn MRICS
Hochschuldozentin für Immobilienwirtschaft
Hochschule Fresenius
Im Media Park 4c · 50670 Köln
insa.von_juergensonn@hs-fresenius.de

Prof. Dr. Gerd Niklas Köster
Studiendekan Immobilienwirtschaft
Hochschule Fresenius
Alte Rabenstraße 1, 20148 Hamburg
niklas.koester@hs-fresenius.de

SCIENTIA
Das interdisziplinäre Wissenschaftsjournal
Sonderdruck 8 (2021)

Arbeitsgemeinschaft für internationale Beziehungen
Cooperation for international relations

Marosi Verlag, Dr. phil. Silvia Marosi

Bibliographische Information der Deutschen Nationalbibliothek
Die Deutsche Nationalbibliothek verzeichnet diese Publikation in der Deutschen Nationalbibliographie. Detaillierte bibliographische Daten sind im Internet über http://dnb.d-nb.de abrufbar.

© 2021 Marosi Verlag
Dr. phil. Silvia Marosi, Brandenburger Straße 16, D-50668 Köln &
Arbeitsgemeinschaft für internationale Beziehungen
Cooperation for international relations
Unterheide 25, D-46519 Alpen (Niederrhein)

Druck: Books on Demand GmbH, In de Tarpen 42, D-22848 Norderstedt
Printed in Germany 2021

ISBN 978-3-945636-22-0
ISSN 2511-5227

Herausgeber	Arbeitsgemeinschaft für internationale Beziehungen Cooperation for international relations Unterheide 25, D-46519 Alpen (Niederrhein) rs8227@bdvb.de
Redaktionsleitung	JU Dr. Michael F. Ochsenfeld (V.i.S.d.P.), Hildesheim Rechtsanwalt und Dipl.-Verwaltungswirt (FH) Datenschutzauditor (TÜV) Dr. oec. Rainer Schreiber (V.i.S.d.P.), Düsseldorf Promotor der Deutsch-Israelischen Gesellschaft/Berlin, Mitglied des Dt. Fachjournalisten-Verbandes/Berlin
Ausführende Redakteurin/Verlag	Dr. phil. Silvia Marosi, Marosi Verlag, Köln
Beirat	Prof. Dr. Jakov Beltschikov †, Riga Prof. Anatolij Chujkin, Königsberg Prof. Dr. habil. Norbert Kapferer †, Berlin Prof. Dr. Hans Klecatsky †, Bundesjustizminister a.D., Innsbruck Prof. Dr. Pichan Sopikorn, Bangkok Prof. Dr. Chrysant von Sturm zu Vehlingen, St. Gallen Dr. Adrian Hollaender, Rechtsanwalt, Wien Dr. Albert Koch, Apotheker, Raesfeld Dr. Klaus Orth, Düsseldorf Dr. Kurt Zeitler, Aachen Dipl.-Ing. Rüdiger Muehle, Bergbau-Ingenieur, Krefeld Dipl.-Kfm. Ralph Seupke, Alpen (Niederrhein)

INHALTSVERZEICHNIS

Zusammenfassung

Der vorliegende Forschungsbeitrag gibt einen Überblick über die ESG-Anforderungen an das Corporate Real Estate Management (CREM) deutscher Unternehmen. Aus der Perspektive des betrieblichen Immobilienmanagements wird das Thema ESG im Kontext von Unternehmensstrategie und Immobilienwirtschaft beleuchtet. Zu diesem Zweck wurde ein theoretischer Ansatz gewählt, der auf einer umfangreichen Literaturrecherche sowie dem Rückgriff auf empirischen Studien und aktuellen Gesetzestexten gegründet ist. Hierdurch konnte die Relevanz von Unternehmensimmobilien für das Ziel der klimaneutralen Wirtschaft und als Nachhaltigkeitsfaktor für deutsche Unternehmen erhoben werden.

Als Ergebnis kann festgehalten werden: Immobilien bieten ein hohes Potenzial zur Steigerung der Nachhaltigkeit eines Unternehmens. Dieses Potenzial wird jedoch von vielen Unternehmen kaum ausgeschöpft. Die Nachhaltigkeit der Betriebe beschränkt sich häufig auf ihre Produkte und deren Fertigungsprozesse. Treibhausgas-Emissionen, welche durch Standortverlagerungen und bauliche Umstrukturierungen entstehen, werden aufgrund ihrer schweren Messbarkeit kaum erhoben. Insbesondere im Produktionsbereich ist die fehlende Umnutzungsfähigkeit der Immobilien auch ein Nachhaltigkeitsproblem. Weitere Potenziale liegen insbesondere im Nachhaltigkeitsmanagement der Immobilienbestände. In Bezug auf Klimaschutz und Ressourcenschonung ist die fehlende Verfügbarkeit von Verbrauchsdaten aufgrund fehlender Sensoren und Messstellen in den Gebäuden derzeit ein Defizit. Mit entsprechender Nachrüstung von Gebäuden können Immobilienportfolien deutscher Unternehmen einen Beitrag zur Klimaneutralität gemäß den gesetzlichen Vorgaben des EU Green Deals leisten. Unternehmensimmobilien ESG-konform aufzustellen, ist Aufgabe des Corporate Real Estate Managements. Dies trägt damit auch zur Verbesserung der Finanzierbarkeit des Unternehmens im Rahmen von ESG-Ratings bei.

Das wissenschaftliche Fundament dieses Artikels liefern zwei abgeschlossene Promotionen der Autoren, welche das Thema Corporate Real Estate Management in einem anderen Kontext bereits erforscht haben.

Abstract

This research paper provides an overview of the ESG requirements for corporate real estate management (CREM) of German companies. From the perspective of corporate real estate management, the topic of ESG is examined in the context of corporate strategy and real estate management. For this purpose, a theoretical approach was chosen, which is based on an extensive literature research as well as the recourse to empirical studies and current legal texts. This made it possible to determine the relevance of corporate real estate for the goal of a climate-neutral economy and as a sustainability factor for German companies.

As a result, it can be stated: Real estate offers a high potential for increasing the sustainability of a company. However, this potential is hardly exploited by many companies. The sustainability of companies is often limited to their products and their manufacturing processes. Greenhouse gas emissions resulting from relocations and structural restructuring are hardly ever recorded because they are difficult to measure. In the production sector in particular, the lack of ability to convert real estate is also a sustainability problem. Further potential lies in particular in the sustainability management of real estate portfolios. In terms of climate protection and resource conservation, the lack of availability of consumption data due to the absence of sensors and measuring points in the buildings is currently a deficit. With appropriate retrofitting of buildings, real estate portfolios of German companies can contribute to climate neutrality in accordance with the legal requirements of the EU Green Deal. Making corporate real estate ESG-compliant is the task of corporate real estate managements. This also helps to improve the company's financial viability in the context of ESG ratings.

The scientific foundation of this article is provided by two completed doctoral dissertations by the authors, which have already researched the topic of Corporate Real Estate Management in a different context.

Schlüsselwörter

- ESG
- Corporate Real Estate Management
- Unternehmensimmobilien
- Sustainable Finance
- EU Green Deal

1 Motivation und Zielsetzung

Die Umsetzung von ESG-Anforderungen hat im Kontext der strategischen Unternehmensausrichtung an Bedeutung gewonnen. Anlass ist das Ziel der Klimaneutralität der Wirtschaft bis zum Jahr 2050, welches die EU mit dem *Green Deal* beschlossen hat. Damit leistet sie den Beitrag zum Pariser Klimaschutzabkommen, bei welchem die internationale Staatengemeinschaft die Verringerung der Treibhausgas-Emissionen beschlossen hat, um den Klimawandel zu bekämpfen (Bundesregierung 2021a). Für Deutschland ist das Ziel der Klimaneutralität auf das Jahr 2045 vorgezogen worden (Bundesregierung 2021b). Mit dem Begriff ESG (Environmental, Social, Governance) werden in diesem Zusammenhang neben den ökologischen Zielen auch soziale Aspekte sowie verantwortungsvolle Unternehmensführung neben finanziellen Zielen auf eine Ebene gestellt.

Die Finanzierung der Transformation in eine klimaneutrale Wirtschaft benötigt privatwirtschaftliche Kapitalquellen, die mit dem Aktionsplan *Sustainable Finance* beschlossen wurden (Europäische Kommission 2018). Dieser leitet Kapitalströme in ESG-konforme Investitionen um und betrifft damit die gesamte Wertschöpfungskette von Unternehmen. Umfassende ESG-Ansätze für Aufbau und Prozesse einer Unternehmensorganisation, der Produkte und deren Produktion sind notwendig. Folglich sind auch betriebliche Immobilien betroffen.

Hintergrund sind neben dem Klimaziel insbesondere die steigenden Nachhaltigkeitsanforderungen von Gesellschaft und Politik. Diese fordern den Unternehmen ein hohes Maß an Umweltbewusstsein und sozialer Verantwortung ab. Bereits die Corporate Social Responsibility-Richtline (CSR) aus dem Jahr 2017 für die nicht-finanzielle Berichterstattung kapitalmarktorientierter Unternehmen hatte dies aufgegriffen (DRSC 2017).

Verschärft wird diese Transformation durch den technologischen Wandel in Form von „Industrie 4.0“, der vierten industriellen Revolution

(Eisele 2021). Mit dieser ist auch eine fundamentale Veränderung der Arbeitswelt zu beobachten, deren Treiber neben der Globalisierung u.a. der rasante Technologiewandel und die Digitalisierung sind.

Dies stellt Unternehmen vor erhebliche Herausforderungen, bei denen nicht-finanzielle Nachhaltigkeitsaspekte (ESG) einen wesentlichen Erfolgsfaktor einnehmen. Dies wiederum überträgt sich in Anforderungen für das Management der Unternehmensimmobilien (Pfnür 2019a, 2019b, 2019c). Das Forschungsziel des vorliegenden Artikels ist es, das Nachhaltigkeitspotenzial von Unternehmensimmobilien in diesem Zusammenhang darzulegen. Im weiteren Verlauf werden unter dem Begriff Unternehmensimmobilien alle Immobilientypen verstanden, die einem Unternehmen „als Betriebsmittel bzw. Ressource zur Leistungserstellung dienen". Damit folgt der vorliegende Beitrag der Definition von Pfnür (2014). Eine Abgrenzung einzelner Immobilientypen wird in diesem Beitrag nicht vorgenommen. Allgemein weisen Unternehmensimmobilien ein umfangreiches Angebot unterschiedlicher Flächennutzungen auf. Diese setzen sich in der Regel aus Büro, Produktions-, Lager- und Logistikflächen zusammen. Hinzu kommen Flächen für die Forschung und Entwicklung. Somit bieten Unternehmensimmobilien Platz für die unterschiedlichsten Mitarbeitergruppen (Carstensen et al. 2021).

Damit stellen sie den zentralen Arbeitsplatz für Millionen Menschen in unserem Land bereit. Nach Aussage von Sluitner (2017) repräsentieren sie somit die *physische Voraussetzung* zur Ausübung einer Geschäftstätigkeit. Genau in dieser Komplexität der unterschiedlichen Immobilien- und Flächentypen liegt die Herausforderung für die Nachhaltigkeit des Gesamtportfolios.

Wenn im weiteren Verlauf von Non-Property-Companies oder Non-Property-Unternehmen gesprochen wird, sind damit Unternehmen gemeint, deren Kerngeschäft nicht der Immobilienwirtschaft zuzuordnen ist. Nach Bone-Winkel et al. (2016) sind diese Non-Property-Companies zu unterscheiden von Immobilienunternehmen (Property-Companies), deren Kerngeschäft die Immobilie ist.

In dem vorliegenden Artikel wird folgenden Forschungsfragen nachgegangen:

- Warum sind Unternehmensimmobilien für die ESG-Ansätze eines Unternehmens relevant?
- Wie können Unternehmensimmobilien die ESG-Ziele des Unternehmens unterstützen – insbesondere als Beitrag zur klimaneutralen Wirtschaft?
- Was sind die Handlungsansätze für das Corporate Real Estate Management, um mit Unternehmensimmobilien einen Beitrag zu den ESG-Zielen des Unternehmens zu leisten?

Im Gang der Untersuchung wird zunächst der EU Green Deal beleuchtet, dessen rechtliche Auflagen und die damit zusammenhängenden Herausforderungen für Unternehmen. Der Wirkungsgrad betrieblicher Immobilien für die Nachhaltigkeitsziele, insbesondere der Klimaneutralität, schließt das Kapitel 2 ab. Anschließend werden ESG-Strategien für das Corporate Real Estate Management und die Übertragung auf das Immobilienportfolio abgeleitet. Mit der Verbindung von Strukturwandel und Nachhaltigkeitsbewusstsein wird Kapitel 3 abgeschlossen. Kapitel 4 erarbeitet die Handlungsempfehlungen für das CREM gefolgt von einem Fazit über den gesamten behandelten Themenkomplex.

2 Beitrag von Unternehmensimmobilien zur klimaneutralen Wirtschaft

2.1 Nachhaltiges Finanzwesen – EU Green Deal

Die Gesetzesauflagen im Rahmen des EU Green Deals sind aus zwei Vereinbarungen auf globaler Ebene abgeleitet. Das Pariser Klimaschutzabkommen mit dem Ziel, die Erderwärmung auf maximal 2 Grad, besser auf 1,5 Grad zu begrenzen (BMU 2021), und der Agenda 2030 der UN. Hier wurden ebenfalls im Jahr 2015 17 Sustainable Development Goals (SDG) als ganzheitliches Zielsystem definiert (UN 2015).

Im Dezember 2019 hat auf dieser Basis die EU eine neue Wachstumsstrategie definiert, mit der „der Übergang zu einer modernen, ressourceneffizienten und wettbewerbsfähigen Wirtschaft gelingen soll, in der bis 2050 keine Netto-Treibhausgasemissionen mehr freigesetzt werden, das Wirtschaftswachstum von der Ressourcennutzung abgekoppelt wird“ (Europäische Kommission 2021a). Die Finanzierung dieser Transformation ist in einem EU-Aktionsplan, *Sustainable Finance*, hinterlegt (Europäische Kommission 2018). Die Ziele sind in Abbildung 1 dargestellt.

Abbildung 1: Ziele des Aktionsplans für nachhaltiges Finanzwesen

Nachhaltiges Finanzwesen (Sustainable Finance)

Ziele

1. Umlenkung Kapitalflüsse in nachhaltige Investitionen
2. Bewältigung finanzieller Risiken aus
   - Klimawandel
   - Ressourcenknappheit
   - Umweltzerstörung
   - Sozialen Problemen
3. Förderung von Transparenz und Langfristigkeit von Finanz- und Wirtschaftstätigkeit

Quelle: Eigene Darstellung; in Anlehnung an Europäische Kommission (2018).

Somit hat die EU 2019 den ersten Rahmen für das nachhaltige Finanzwesen für Finanzprodukte und handelnde Akteure geschaffen. Nachhaltige Investitionen sind als Investitionen mit ESG-Merkmalen oder ESG-Zielen definiert in den vorliegenden Gesetzen: EU-Offenlegungsverordnung SFDR (Sustainable Finance Disclosure Regulation) und EU-Taxonomie. Diese werden ergänzt durch Leitlinien für EU-Benchmarks (European Commission 2018).

Die EU-Offenlegungsverordnung (2019) ist bereits seit dem 10. März 2021 anzuwenden und gilt direkt für alle EU-Mitgliedsstaaten. Sie betrifft direkt Finanzmarktteilnehmer und -berater, die „Transparenz bei der Einbeziehung von Nachhaltigkeitsrisiken und der Berücksichtigung nachteiliger Nachhaltigkeitsauswirkungen in ihren Prozessen und der Bereitstellung von Information über die Nachhaltigkeit von Finanzprodukten" bieten müssen. Als Finanzmarktteilnehmer sind große Kapitalsammelstellen definiert, wie Verwalter von Kapitalanlageprodukten, Versicherungen, Pensionsfonds, etc.

Die EU-Taxonomie (European Commission 2021a; Europäische Union 2020) definiert mit sechs Umweltzielen ein Klassifizierungssystem für ökologisch, nachhaltige Wirtschaftsaktivitäten mit einem klaren Schwerpunkt auf den (E)nvironmental-Aspekten. Die Verordnung findet Anwendung für die ersten beiden Umweltziele, Klimaschutz und Anpassung an den Klimawandel, ab dem Januar 2022 und demonstriert dabei den dringenden Handlungsbedarf. Die weiteren Aspekte aus dem Dreiklang ESG, (S)ocial und (G)overnance, werden als Nebenbedingungen definiert. Die noch nicht abschließend erstellten technischen Kriterienkataloge, die die verbindliche Einordnung als ökologisch nachhaltiges Finanzprodukt definieren, sollen auf europäischer Ebene Sicherheit und Referenzwerte für CO_2-arme Investitionen geben (Jürgensonn 2021). Einen Überblick zur Umsetzung des EU-Aktionsplans Sustainable Finance liefert Abbildung 2.

Abbildung 2: Leitlinien für die Umsetzung des EU-Aktionsplans

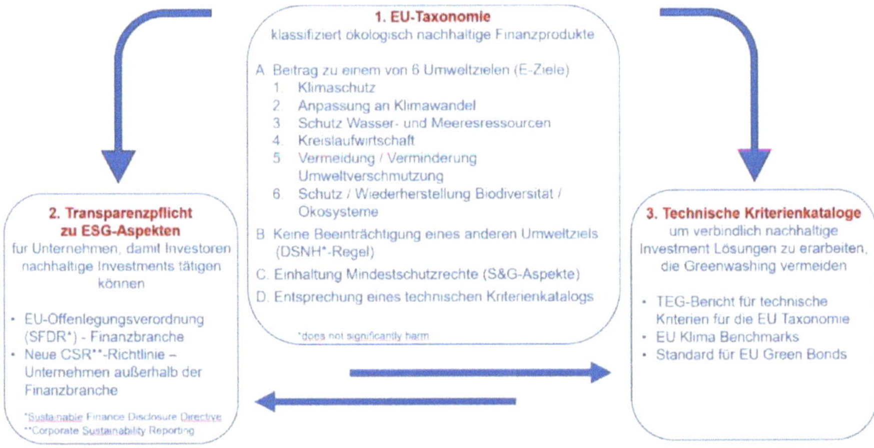

Quelle: Eigene Darstellung; in Anlehnung an European Commission (2021b).

Für Deutschland haben sich die Zielvorgaben für eine klimaneutrale Wirtschaft mit der Klimaschutznovelle im Juni 2021 erhöht. Schon 2045 soll Klimaneutralität für Deutschland erreicht sein mit klaren Zwischenzielen für 2030 und 2040 mit 65% bzw. 88% weniger CO2-Ausstoss.

Dafür sind zulässige CO2-Emissionsmengen für die einzelnen Sektoren Energie, Industrie, Verkehr und im Gebäudebereich abgesenkt worden. Ein 8-Milliarden-Sofortprogramm ist beschlossen, um u.a. die Dekarbonisierung der Industrie, energetische Gebäudesanierung, klimafreundliche Mobilität und vor allem Transparenz und Messung von Treibhausgasen voranzutreiben (Bundesregierung 2021b).

Die Klimapfade der EU und des deutschen Klimaschutzgesetzes sind in Abbildung 3 dargestellt.

Abbildung 3: Ziele der EU und Deutschlands zur Senkung der Netto-Treibhausgasemissionen

1,5° Begrenzung der Erderwärmung

Ziele zur Senkung der Netto-Treibhausgasemissionen (in % gegenüber 1990)

Jahr	EU Green Deal (Stand: September / Dezember 2020)	Klimaschutzgesetz Deutschland (Stand: Juni 2021)
2030	55% (vorher 40%)	65%
2040		88%
2045		100% - Klimaneutralität
2050	100% - Klimaneutralität	

Quelle: Eigene Darstellung.

Diese rechtlichen Normen der EU sind eine nachgelagerte Steuerung, die erst 50 Jahre nach dem ersten international wahrnehmbaren Ruf zur Schaffung eines Gleichgewichtszustands zwischen Wirtschaft und Ökologie im Bericht des Club of Rome 1972, greifen soll (Meadows et al. 1972).

Die damals schon prognostizierten und heute offensichtlichen Risiken des Klimawandels durch extreme Wetter, Überflutungen, Waldbrände, Stürme, etc. sind inzwischen ein Wirtschaftlichkeitsfaktor (Bienert et al. 2020a).

Ein Überblick zum zeitlichen Verlauf ausgewählter Punkte zur Geschichte der Nachhaltigkeit in der Wirtschaft findet sich in Tabelle 1.

Tabelle 1: Zeitlicher Verlauf der globalen, europäischen und deutschen Schritte zum Thema Wirtschaft und Nachhaltigkeit

Jahr	Regionale Ebene	Milestone	Erläuterung
1972	Global	Club of Rome „Die Grenzen des Wachstums“ (Studie Meadows)	Aufruf zu Gleichgewicht zwischen Wirtschaft und Ökologie / Ausbeutung natürlicher Ressourcen erreicht in 100 Jahren Wachstumsgrenze der Erde
1987	Gobal	WECD* (Brundtland Report)	Nachhaltige Entwicklung wird definiert als Entwicklung, die die Bedürfnisse heutiger Generationen befriedigt, ohne die Möglichkeiten zukünftiger Generationen zu gefährden
1997	Global	Kyoto-Protokoll	Einigung auf verbindliche Handlungsziele und Umsetzungsinstrumente auf globaler Ebene zum Klimaschutz
2002	EU	EU-Multi-Stakeholder Forum on CSR**	Start der Entwicklung eines europäischen CSR-Systems
2002	Deutschland	EnEV	Erste Energie Einsparverordnung (EnEV) tritt in Kraft
2015	Deutschland	EDL-G	Energiedienstleistungsgesetz (EDL-G) verpflichtet Unternehmen zum regelmäßigen Energieaudit

2015	Global	UN-Agenda 2030	UN verabschiedet 17 Sustainable Development Goals für globale nachhaltige Entwicklung
2015	Global	Pariser Klimaabkommen	Weltweite Klimaschutzvereinbarung zur Bekämpfung des Klimawandels durch Halten der Erderwärmung deutlich unter 2°C, durch weitere Maßnahmen soll der Temperaturanstieg auf 1,5°C begrenzt werden
2017	Deutschland	CSR-Richtlinien Umsetzungsgesetz	Berichtspflichten über nicht-finanzielle Themen (ESG) treten für große Unternehmen in Kraft
2018	EU	Vorstellung EU Aktionsplan: Finanzierung nachhaltigen Wachstums (Sustainable Finance)	Finanzwesen für einen nachhaltigere Welt wird vorgestellt mit Umlenkung der Kapitalflüsse in nachhaltige Investitionen
2019	EU	EU-Offenlegungsverordnung	EU-Offenlegungsverordnung tritt in Kraft, Anwendung ab 10. März 2020
2019	EU	Vorstellung des EU Green Deals	Fahrplan für eine nachhaltige, europäische Wirtschaft mit dem Ziel, bis 2050 klimaneutral zu sein
2020	EU	EU-Taxonomie	EU-Taxonomie tritt in Kraft, Anwendung ab Januar 2022/2023

2020	EU	Verschärfung der Reduktion der Treibhausgasemissionen	Reduktion der Treibhausgasemissionen bis 2030 um 55% (vorher 40%)
2021	EU	Anwendung EU-Offenlegungsverordnung	Transparenzvorschriften für die Finanzbranche zur Berücksichtigung von Nachhaltigkeitsaspekten bei Investitionen und zur Offenlegung von Nachhaltigkeitsrisiken
2021	Deutschland	Verschärfung des Klimaschutzgesetzes	Anhebung der Zwischenziele zur Reduktion von Treibhausgasemissionen und Vorziehen des Ziels der klimaneutralen Wirtschaft auf 2045
2021	EU	EU: Fit for 55	Vorstellung eines umfangreichen Maßnahmenpakets mit zahlreichen Gesetzesnovellierungen (u.a. Verschärfung der Richtlinie für Erneuerbare Energien und der Energieeffizienz-Richtlinie)
2021	EU	Neuer Gesetzesentwurf CSRD***	Überarbeitung der CSR-Richtline mit neuen Anforderungen und Ausweitung der Berichtspflicht in Bezug auf Unternehmensgröße
2022/23	EU	Anwendung EU-Taxonomie	Kategorisierung von ökologisch nachhaltigen Finanzprodukten mit 6 Umweltzielen tritt stufenweise in Kraft

2023/24	EU	CSRD	Plan: Berichtspflicht nach der neuen CSR-Richtlinie für große Unternehmen erstmals für das Geschäftsjahr 2023
2025/26	EU	CSRD	Plan: Berichtspflicht nach der neuen CSR-Richtlinie auch für kleine und mittlere kapitalmarktorientierte Unternehmen erstmals für das Geschäftsjahr 2025

* World Commission on Evironment and Development
** Corporate Social Responsibility
*** Corporate Sustainability Reporting Directive

Quelle: Bundesgesetzblatt 2017; Bundesregierung 2021b; BMU (2017); Europäische Kommission 2021b, 2021c, 2021d; DRSC 2017, EY 2021, Herzog 2021.

2.2 Herausforderungen für Unternehmen

Die nicht-finanziellen Faktoren (ESG) sind inzwischen entscheidungsrelevant für die Allokation von Kapital. Die Integration von ESG-Anforderungen in die Unternehmensstrategie ist nicht mehr als Trend oder USP (Unique Selling Proposition) für die Produktpositionierung zu verstehen. Neben den gesetzlichen Auflagen, die eine dynamische Entwicklung weltweit aufweisen, nehmen nicht-finanzielle Faktoren damit heute Einfluss auf Zugang und Konditionen zu Kapital auf gleicher Ebene wie finanzielle Kennziffern. Für Unternehmensimmobilien erweitert sich die in der Vergangenheit finanzgetriebene Fragestellung, welchen Beitrag diese zum *Shareholder Value* erbringen (Jürgensonn 1998) nun deutlich um die Ansprüche weiterer Stakeholder (Gesellschaft, Staat, Politik, Mitarbeiter, Kunden, Lieferanten, etc.).

Die Nachfrage nach ESG- oder Impact Investments weist ein bemerkenswertes Wachstum auf. Die Prognose von Bloomberg (2021) zeigt, dass im Jahr 2025 mehr als ein Drittel der weltweit verwalteten Vermögenswerte ESG-Investments sein werden. Für Unternehmen stellt diese prognostizierte erhebliche Umschichtung der großen Finanzierungsquellen in Richtung ESG-Investments eine große Herausforderung dar (Jürgensonn und Rösgen 2021a). Zum einen bedarf es der Integration von ESG-Aspekten in das Geschäftsmodell, zum anderen des laufenden Nachweises, d.h. Messung, Berichterstattung und demnächst Prüfung im Rahmen der in Überarbeitung befindlichen CSR-Richtlinie (s. Tabelle 1 in Abs. 2.1).

Auf globaler Ebene wurde bereits im Jahr 2005 vom damaligen Generalsekretär der UN, Kofi Annan, eine Gruppe internationaler Investoren versammelt, die Prinzipien für verantwortungsvolle Investments „PRI" (Principles for Responsible Investment) entwickelt haben. Ziel der Prinzipien ist es, ein nachhaltiges globales Finanzsystem zu schaffen mit der Verpflichtung, ESG Aspekte in Investitionsentscheidungen einzubeziehen. Nachhaltigkeit soll ein integraler Teil der Organisation sein und durch regelmäßige PRI-Berichtspflichts offengelegt werden (PRI 2021). Damit sind die freiwilligen Auflagen einer PRI Mitgliedschaft parallel zu Zielen und Gesetzesvorgaben des EU Green Deals zu sehen. Darüber hinaus hatte sich zeitlich vor den gesetzlichen Auflagen der EU eine Vielfalt an ESG-Labels, -Benchmark, -Tools und -Ratings entwickelt. Für börsennotierte Unternehmen und Aktienfonds bieten Rating-Agenturen ESG-Ratings an. Zu den bedeutendsten gehören MSCI ESG Research (MSCI 2021), Sustainalytics (2021a) oder Institutional Shareholder Services ISS (2020). Für Immobilienunternehmen und -fonds ist GRESB (2021) (Global Real Estate Sustainability Benchmark) ein weit verbreiteter Standard. Die Vergleichbarkeit der Indices ist aufgrund der unterschiedlichen Methodik nicht gegeben und führt für Unternehmen auch zu abweichenden Ratingergebnissen (Greiten 2021). Derzeit implementieren diese Agenturen die gesetzlichen Vorgaben der EU-Taxonomie, sodass zukünftig z.B. bei Systainalytics eine Aussage über die Konformität des Investments zur Einordnung der Nachhaltigkeitsgrads nach europäischem Recht gemacht werden kann. Da die gesetzlichen Vorgaben im Detail noch nicht ausgearbeitet sind, werden die Rating Agenturen laufende Anpassungen vornehmen müssen (Systainalytics 2021b).

Die momentane Herausforderung besteht darin, einen taxonomie-konformen Standard zu schaffen, der wie IFRS für die finanzielle Berichterstattung nicht-finanzielle ESG-Kriterien messbar und überprüfbar macht in einem global anerkannten Berichtsstandard (Herzog 2021). Bei Non-Property-Unternehmen liegt dafür der Schwerpunkt auf ihrem Kerngeschäft. Unternehmensimmobilien sind bisher noch nicht in die Nachhaltigkeitsstrategien von Unternehmen explizit eingeflossen. Dabei könnten diese aufgrund des hohen Reduktionspotenzials von Immobilien bei Energieverbrauch und CO2-Emissionen einen Mehrwert erzeugen. Dieser Wirkungsgrad von Unternehmensimmobilien wird im nächsten Kapitel herausgearbeitet.

2.3 Wirkungsgrad betrieblicher Immobilien

Deutlich wird, dass nicht-finanzielle Ziele und der gesellschaftliche Zweck von Unternehmen zukünftig ausschlaggebend sind für die Unterstützung von Unternehmen am Finanzmarkt (Rommerskirchen und Roslon 2020). Die konkreten Ansatzpunkte für Unternehmensimmobilien und deren Management dienen der Unterstützung der Nachhaltigkeitsstrategie des Unternehmens. Einen Überblick über das Spektrum von ESG-Aspekten für Unternehmensimmobilien findet sich in Abbildung 4. Hier ist im Gesamtzusammenhang auch die finanzielle Nachhaltigkeit mit dem Begriff Rendite aufgeführt, die Vermögenswerte und Kosten der betrieblichen Immobilien für die Non-Property-Unternehmen berücksichtigt. Des Weiteren sind die nicht-finanziellen Nachhaltigkeitskriterien ESG abgebildet. Die Umweltkriterien („E“) und sozialen Kriterien („S“) betreffen die Immobilie selbst. Eine verantwortungsvolle Unternehmensführung („G“) kann nur die Unternehmensebene betreffen. Für eine einzelne Immobilie könnte dies zum Tragen kommen bei Auswahl und Beauftragung von Dienstleistern, die im Rahmen der Projektentwicklung oder der Bewirtschaftung der Immobilien tätig sind. Wenn verantwortungsvolle Unternehmensführung dieser Dienstleister als ein Auswahlkriterium angesetzt und überprüft würde, dann kann dies auch der Immobilie als „G“overnance zugerechnet werden und kommt dem Gedanken des Lieferkettengesetzes nahe (BMZ 2021).

Die in Abbildung 4 zusammengestellten nicht-finanziellen Nachhaltigkeitskriterien sind aus einer Recherche bei Anbietern von Immobilien Finanzanlageprodukten, die zur Transparenz für den Umgang mit Nachhaltigkeitsrisiken auf ihren Internetseiten mit der EU-Offenlegungsverordnung (2019) in Artikel 3/20 seit 10.3.2021 verpflichtet sind. Eine weitere Quelle waren Kriterien für das Scoring Modell von ECORE (2021c), welches mit institutionellen Investoren und Anbietern von Immobilien Finanzanlageprodukten entwickelt wurde und unter Abschnitt 3.2 weiterführend beschrieben wird. In den folgenden Ausführungen des Abschnitts 2.3 liegt der Schwerpunkt auf Ansatzpunkten zur Unterstützung der klimaneutralen Wirtschaft bei Unternehmensimmobilien.

Abbildung 4: Nachhaltigkeitsfaktoren und ESG-Kriterien für Immobilien

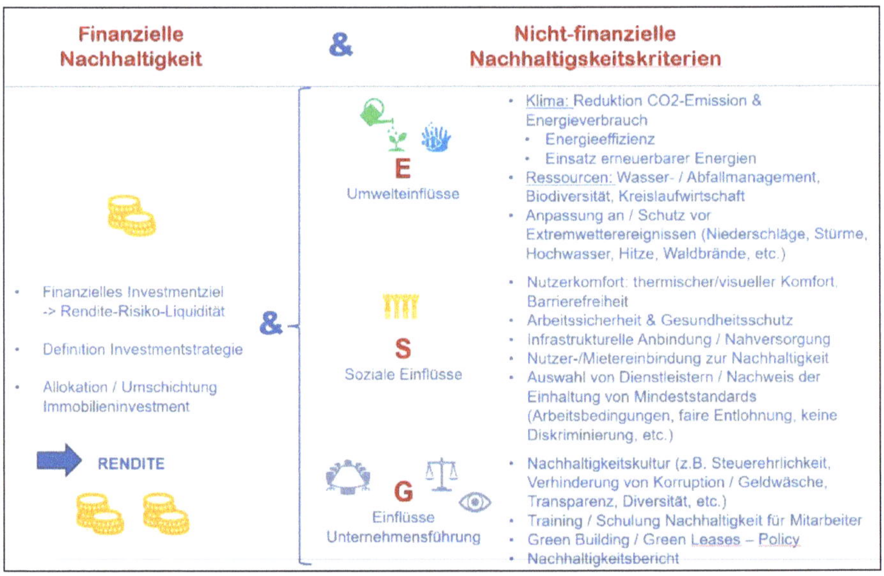

Quelle: Eigene Darstellung.

Im Rahmen der Analysen für Maßnahmen, die zu einer klimaneutralen Wirtschaft führen, ist als wesentlicher Faktor die Reduktion von Treibhausgas-Emissionen identifiziert worden (Europäische Kommission 2021a). Emissionen von Treibhausgas entstehen hauptsächlich bei der Energieerzeugung durch fossile Energieträger wie Kohle, Erdgas und Mineralöl.

Neben der Energiewirtschaft sowie der Automobil- und Transportindustrie sind die Immobilien in den Fokus der Maßnahmen des EU-Green Deals gerückt. Immobilien sind nicht nur verantwortlich für 40 % des Energieverbrauchs in der EU, sie verursachen auch 36 % der Treibhausgas-Emissionen (European Commission 2021a; 2021b). Dies passt zu der Erhebung auf globaler Ebene, dass der Bau- und Gebäudesektor für ca. 35 % des Energieverbrauchs und ca. 38 % der globalen CO2-Emissionen verantwortlich sind (UN Environment Programme 2020).

Bei den CO2-Emissionen werden die Anteile direkter und indirekter Verursachung bewertet. Dabei meint der direkte Energiebedarf die Nutzung von Kohle, Gas oder Holz zum Heizen, Kraftstoff für Autos, Strom für Produktion oder Beleuchtung von Gebäuden. Der indirekte Energiebedarf ist die sog. versteckte Energie, die im Produktionsprozess für die Herstellung von Produkten verbraucht wurde, aber erst dem Konsumenten des Produktes zugerechnet wird. (Statistisches Bundesamt 2021). Diese versteckten Emissionen werden auch als „graue Energie“ bezeichnet. Deren Bindung in Bestandsgebäuden bildet die Grundlage für die Forderung, dass Bestandsgebäude, die bereits erhebliche Energie und Emissionen gebunden haben durch ihre Herstellung, nach Möglichkeit weitergenutzt anstatt abgerissen werden. Ist der Abriss nicht zu vermeiden, dann sind Recycling einzelner Bauteile und die Verwendung der Baustoffe durch sog. „Urban Mining“ Lösungskonzepte, welche die Wissenschaft für die Bauindustrie verfolgt. Hierzu hat das Schweizer Forschungsinstitut *Empa* ein Forschungs- und Innovationsgebäude geschaffen, NEST (Next Evolution in Sustainable Building Technologies). In diesem können nachhaltige Lösungen für Baustoffe und das Bauwesen in einer Realsituation ausprobiert werden (Empa 2021).

Zur Umsetzung und Konkretisierung der Reduktion von Treibhausgas-Emissionen hat die EU im Juli 2021 ein Paket „Fit for 55“ vorgelegt. Die Namensgebung greift das Zwischenziel der EU auf, dass die Netto-Treibhausgasemissionen bis 2030 um 55 % verringert werden sollen im Vergleich zu 1990 (Europäische Kommission 2021b).

Für Gebäude von Bedeutung aus diesem Gesetzespaket ist die Überarbeitung der Energie-Effizienz-Richtlinie und der Erneuerbare-Energien-Richtlinie. Beide beinhalten Verschärfungen der bisherigen Vorschriften. Diese betreffen die Erhöhung des Anteils erneuerbarer Energien im Energiemix auf 49 % bei Gebäuden bis 2030 und höhere Energieeinsparziele zwischen 36-39 % für Endenergie- und Primärenergieverbrauch (Europäische Kommission 2021c; 2021d).

Aus den zahlreichen gesetzlichen Vorschriften ergeben sich mindestens zwei Notwendigkeiten für Unternehmensimmobilien:

- Verfügbarkeit von Messdaten über gebäude- und flächenbedingten Energieverbrauch, CO2-Emissionen und den Energiemix.
- Umrüstung eigener Gebäude bzw. Auswahl angemieteter Gebäude und Flächen nach Kriterien zur Sicherstellung des Energiepfades zur Klimaneutralität.

Für die Umsetzung der Maßnahmen sind die Unternehmen selbst oder die Eigentümer bei angemieteten Flächen verantwortlich, z.B. Versicherungen, Pensionskassen oder Immobilienfonds. Unternehmen in Deutschland halten mit einer durchschnittlichen Eigentumsquote von ca. 70% einen hohen Anteil an ihren Unternehmensimmobilien selbst. Dies übersetzt sich nach der Studie von Pfnür (2019a) auf ca. 2,5 Billionen Euro Wert an Immobilienvermögen. Die Werte der Immobilien in Bezug auf das Gesamtvermögen der Non-Property-Unternehmen lassen sich nur schwer feststellen. Untersuchungen haben für deutsche Unternehmen ca. 10-20% Anteil an Immobilienwerten am Gesamtvermögenswert ergeben (Schäfers und Schulte 1998; Schäfers 1998). Pfnür kommt in einer weiteren Studie im Jahr 2014 zu einer Schätzung von ca. 20% des börsennotierten Marktwertes für Unternehmensimmobilien bei DAX-Unternehmen. Dazu kommen angemietete Flächen im Gegenwert von ca. 1 Billion Euro. Das Eigentum dieser Immobilien wird institutionellen Investoren wie Versicherungen, Pensionskassen, offenen und geschlossenen Fonds, etc. zugeschrieben (Pfnür 2014; 2019a). Neben den Vermögenswerten für das Eigentum deutscher Unternehmen an Immobilien kommen die Kosten, die Immobilien verursachen. Diese sind je nach Branche und Geschäftsmodell mit ca. 5-20% der Gesamtkosten eines Unternehmens anzusetzen (Pfnür 2019a). Der Wirkungszusammenhang von Klimaneutralität und betrieblichen Immobilien ist in Abbildung 5 dargestellt.

Abbildung 5: Wirkungszusammenhang von Unternehmensimmobilien und Klimaneutralität

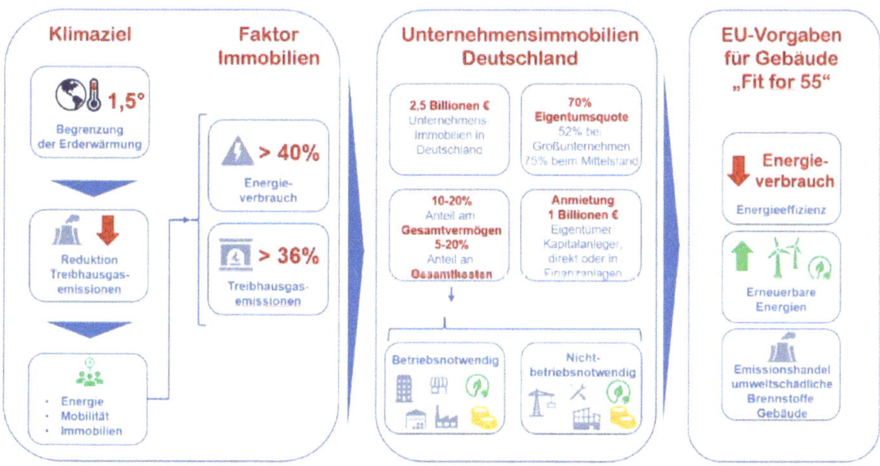

Quelle: Eigene Darstellung.

Der hohe Wirkungsgrad von Unternehmensimmobilien bei der Reduktion von Treibhausgas-Emissionen sollte für das Ziel der Klimaneutralität der Volkswirtschaft Deutschland und der Unternehmen selbst in den Blickpunkt rücken. Eine hohe Eigentumsquote macht die Unternehmensimmobilien neben dem Kerngeschäft auch zu einem Vermögenswert. Damit sind sie auch Gegenstand einer Beurteilung der finanziellen Nachhaltigkeit bzw. von Nachhaltigkeitsrisiken. In diesem Zusammenhang fällt insbesondere der Mittelstand durch höhere Eigentumsquoten im Vergleich zu Großunternehmen auf (Pfnür 2019a).

Mit dem Druck der Gesetzgebung und der Wirkung auf die Kapitalbeschaffung der Unternehmen, ist die Schaffung von Transparenz durch eine ESG-Datenlage für Unternehmensimmobilien notwendig. Information und Daten für die ESG-Kriterien zu erheben, ist eine der Herausforderungen für das Corporate Real Estate Management, welche im folgenden Kapitel 3 weiterführend beleuchtet werden.

3 CREM-Beitrag zur Nachhaltigkeit eines Unternehmens

3.1 ESG-Strategien im Corporate Real Estate Management

Das betriebliche Immobilienmanagement, kurz CREM, trifft seine immobilienbezogenen Entscheidungen auf Grundlage der Unternehmensstrategie. Es verantwortet den gesamten Immobilienbestand einer Unternehmung, von der Bereitstellung, der Anmietung bis hin zur Standortverlagerung und Verwertung. Damit trägt es eine wesentliche Verantwortung zur baulichen Umsetzung von ESG-Strategien im Unternehmen.

Dass betriebliche Immobilien allgemein viele Möglichkeiten bieten, um die Wettbewerbsfähigkeit eines Unternehmens zu erhöhen, ist bereits seit vielen Jahrzehnten bekannt. Nach Argumentation von May et al. (1998), ist es die Hauptaufgabe des betrieblichen Immobilienmanagements diese Wettbewerbsvorteile zu sichern und dauerhaft zu stärken. Dass immobilienbezogene Entscheidungen im Unternehmen jedoch grundsätzlich zu der folgenschwersten Entscheidung überhaupt gehören, darauf verweist später Schäfers et al. (2016). Denn sie lassen sich nach seiner Begründung kaum korrigieren und haben außerdem direkte Auswirkungen auf den Unternehmenserfolg. Daher ist es umso wichtiger, dass ihnen durch betrieblichen Immobilienmanagement ein hohes Maß an Aufmerksamkeit entgegengebracht wird. Nur so können die Immobilienbestände ESG-konform für eine nächste Generation von Mitarbeitern, Kunden und Investoren vorgerüstet werden. Somit steht das Corporate Real Estate Management heute vor der Herausforderung ihre Immobilien nachhaltig zu gestalten, ohne dabei das Kerngeschäft des Unternehmens zu behindern (Glatte 2019). Produktions- und Lieferprozesse dürfen durch die bauliche Umsetzung von Nachhaltigkeitsstandards nicht beeinträchtigt werden.

Aus diesem Grund entwickeln viele Unternehmen ihre Immobilien heute noch selbst. So können sie Ihre Gebäude optimal an die Anforderung ihres Kerngeschäftes anpassen. Zusätzlich unterliegen sie so keinen Schwankungen auf dem Immobilienmarkt und können Projektentwicklungen im besten Fall unter Marktkonditionen nachhaltig realisieren (Schäfers et al. 2016). Zusätzlich bietet die eigene Projektentwicklung den Vorteil, dass die jetzt geforderten Nachhaltigkeitsstandards vollumfänglich auf die Unternehmensimmobilien übertragen werden können.

Schließlich geben nach der *ZIA-CREM-Studie 2020* der Technische Universität Darmstadt, 61 % der 56 befragten Unternehmen an, bei der Investition in ökologische Nachhaltigkeit deutliche Effizienzsteigerungspotenziale zu besitzen. Ganze 77 % der Unternehmen sehen ein deutliches Verbesserungspotenzial bei der *sozialen Nachhaltigkeit* durch die Investitionen in hochwertige Lebens- und Arbeitswelten an dem jeweiligen Unternehmensstandort (Pfnür 2020). Sie bildet jedoch nicht die größte Herausforderung bei der Umsetzung von immobilienbezogenen ESG-Strategien im Unternehmen. Dies belegen empirische Ergebnisse einer Studie der Unternehmensberatung Ernst & Young Real Estate aus dem Jahr 2020. Hierbei wurden 40 Asset-Management-Unternehmen zu den größten Herausforderungen bei der Umsetzung einer ESG-Strategie befragt (Wehrmann und Angermeier 2020).

Wie in der folgenden Abbildung 6 dargestellt, gaben ganze 89 % der Teilnehmer die *Datenerhebung auf Objektebene* als größte Herausforderung zur Umsetzung einer ESG-Strategie an. Zusätzlich sahen 84 % der Asset-Manager die *fehlenden Marktstandards* hinsichtlich der ESG-Kennzahlen als zweitgrößte Herausforderung an. Bei der Steuerung von Immobilienportfolios stellt die vollumfängliche *Datenerhebung auf Objektebene* folglich die größte Herausforderung dar. Nur mit der Hilfe von kontinuierlich erhobenen Daten können ESG-konforme Portfolios gemanagt werden. Zusätzlich muss die Immobilienbranche – und damit auch das CREM – intensiv an der Entwicklung von Marktstandards und Benchmarks bezüglich der ESG-Kennzahlen arbeiten (Wehrmann und Angermeier 2020).

Abbildung 6: Größten 5 Herausforderungen zur Umsetzung einer ESG-Strategie

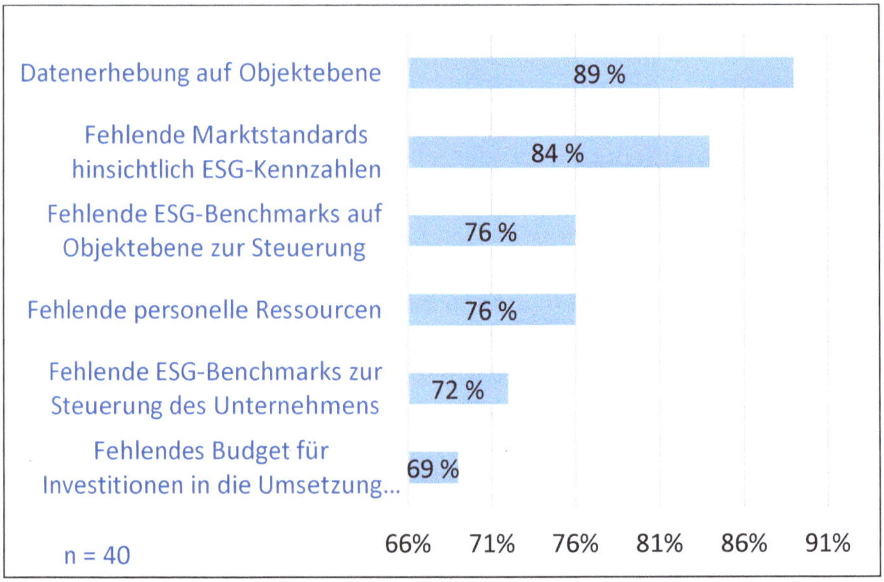

Quelle: Eigene Darstellung; Daten nach Ernst & Young Real Estate GmbH 2020.

Um die Datenverfügbarkeit in ihren Immobilienbeständen zu erhöhen, greifen Corporate Real Estate Manager bereits heute auf eine cloudbasierte Software zurück. Diese ermöglicht ihnen die kontinuierliche Datenerhebung und damit das nachhaltige Mitgestalten ihrer Gebäude im gesamten Lebenszyklus (Sluitner 2017). Auch reine Immobilienunternehmen nutzen bereits seit Jahren Softwarelösungen zur Steuerung ihrer Gebäudebestände. Meistens werden diese mithilfe externer Dienstleister in das Unternehmen implementiert. Damit erhoffen sich die Immobilienspezialisten das Thema Nachhaltigkeit langfristig in ihren Immobilienportfolio überwachen zu können. Schließlich geht die Mehrzahl der vom Beratungsunternehmen PwC Befragten Asset-Management-Unternehmen bei den neuen ESG-Anforderungen nicht von einem *kurzfristigen Trend* für die Immobilienwirtschaft aus (Kreutel et al. 2021). Somit betrifft „ESG" unabhängig vom Kerngeschäft auch immer mehr die Immobilienportfolios der Non-Property-Unternehmen. Schließlich haben diese zunehmend ein Interesse an der Marktfähigkeit ihrer Unternehmensimmobilien.

3.2 Übertragung der ESG-Anforderungen auf das Immobilienportfolio

Auch wenn die meisten Großunternehmen unterschiedlichen Geschäftsmodellen unterliegen, besitzen sie in der Regel ein umfangreiches Immobilienportfolio (Glatte 2019). Infolgedessen ist das aktive Portfoliomanagement heute eine Kernaufgabe des Corporate Real Estate Managements im Unternehmen (Sluitner 2017). Dessen Aufgabe ist es zunehmend, die ESG-Anforderungen der Unternehmensstrategie wirtschaftlich vertretbar auf das Immobilienportfolio zu übertragen. Eine Chance hierfür ergibt sich durch den Strukturwandel. Aufgrund dessen unterliegen viele Unternehmen momentan einer baulichen Transformationsphase. Ihre Geschäftsmodelle verlieren an Haltbarkeit und viele ihrer Standorte und Immobilien sind aus diesem Grund nicht zukunftsfähig.

Gemäß dem aktuellen Frühjahrsgutachten vom Zentralen Immobilien Ausschuss (ZIA) haben insbesondere Produktionsunternehmen das Aktivierungspotenzial ihrer Unternehmensareale bereits erkannt und transformieren diese zunehmend in Form einer Projektentwicklung. Hierfür greifen sie auf die Hilfe externer Projektentwickler zurück oder führen die Verwertung der Areale als Eigenentwicklung selbst durch. Zusätzlich wird in dem Gutachten davon ausgegangen, dass die Anzahl an *Sale-Lease-Back-Transaktionen* in den nächsten Jahren weiter steigt (Carstensen et al. 2021). In einer weiteren Studie vom ZIA in Zusammenarbeit mit CoreNet Global zum Thema „Herausforderungen des Corporate Real Estate Managements im Strukturwandel" wird belegt, dass die Immobilienbestände der Unternehmen aufgrund des Strukturwandels ein ungeahntes Ausmaß an neuen Immobilienanforderungen unterliegen. Infolgedessen gehen die befragten Unternehmen davon aus, dass 50 % ihrer vorhandenen Unternehmensflächen in den nächsten 10 Jahren ausgetauscht werden müssen. Ganze 35 % ihrer Flächen müssen durch umfangreiche Umstrukturierungen an die neuen Anforderungen moderner Arbeitswelten angepasst werden (Pfnür 2019a). Dieser bevorstehende Transformationsprozess beinhaltet demnach viele Chancen, die Immobilienportfolios der Unternehmen ESG-konform auszurichten.

Schließlich ist es gemäß der Auffassung vom ESG Circle of Real Estate (ECORE) nur mithilfe ESG-konformer Immobilienportfolios überhaupt möglich, die Einhaltung der Klimaziele bis 2045 in Deutschland zu gewährleisten. Hierfür sind nach Aussage der Initiative zusätzlich zu den Nachhaltigkeitsstandards jetzt konkrete Umsetzungsschritte mit allen Akteuren im jeweiligen Unternehmen zu initiieren (ECORE 2021b). Immerhin planen deutsche Unternehmen in den nächsten 10 Jahren zwei Drittel ihres Portfolios umzubauen und ganze 38,8 % der Flächen durch eigene Projektentwicklungsaktivitäten an die neuen Anforderungen der Arbeitswelten anzupassen (Pfnür 2020).

Durch die eigene Projektentwicklung können die Unternehmen das Maß der Nachhaltigkeit ihrer Immobilien und Standorte also selbst gestalten. Die hierfür notwendigen Qualitätsanforderungen an spätere Verbrauchsdaten und Baustoffqualitäten müssen frühzeitig in den Projektentwicklungsprozess eingespielt werden. Auch bei der Anmietung neuer Unternehmensflächen haben die Unternehmen jetzt die Chance ihre Nachhaltigkeitsanforderungen gegenüber dem Vermieter durchzusetzen. In der Promotionsschrift von Köster (2018) wurde empirisch belegt, dass schon heute viele Unternehmen nur noch „grüne Immobilien" anmieten. Insbesondere börsennotierte Unternehmen z.B. aus den USA, sind heute nicht mehr bereit ein Gebäude ohne Nachhaltigkeitszertifikat anzumieten oder zu erwerben. Daher ziehen viele Corporate Real Estate Manager schon heute eine Nachhaltigkeitszertifizierung nach dem internationalen Standard LEED der deutschen DGNB-Zertifizierung vor. Damit können sie die internationale Marktfähigkeit ihrer Immobilienbestände erhöhen. So zeigt die Untersuchung aus dem Jahr 2018, dass Nachhaltigkeitszertifikate primär der Marktfähigkeit einer Unternehmensimmobilie dienen. Für den eigentlichen Nutzer, dem Unternehmen, werden sie von den 20 befragten Experten mehr als *psychologischer Effekt* gewertet (Köster 2018).

Auch für die Einhaltung der ESG-Anforderungen können Nachhaltigkeitszertifikate nur einen Teilbeitrag leisten. Um ESG-Anforderungen nachhaltig in ein Unternehmensportfolio zu implementieren ist eine genaue Definition von ESG-Bewertungskriterien unabdingbar. Der bereits zuvor genannte ESG Circle of Real Estate hat hierfür einen ganzheitlichen Kriterienkatalog bereitgestellt.

Die Initiative hat mit ihren rund 40 Partnerunternehmen, zu denen auch Corporates wie beispielsweise Siemens gehören, ein ESG-Scoring-Modell entwickelt. Das Modell verknüpft immobilienrelevante ESG-Kriterien mit den Zielen des Pariser Klimaschutzabkommens und dem *Action Plan on Sustainable Finance* der EU. Somit ist eine fortlaufende Aktualisierung des Modells gewährleistet. Hierdurch können Investoren, Mieter und Non-Property-Companies ermitteln, inwieweit ein Immobilienportfolio oder einzelnes Gebäude die Klimaziele und die heutigen ESG-Anforderungen erfüllt. Gleichzeitig zeigt das Modell das Optimierungspotenzial der Standorte auf und liefert so einen strategischen Ansatz für die weitere Erreichung von ESG-Zielen in der Zukunft

(ECORE 2021a). Das Modell kann ein wichtiges Hilfsmittel für Unternehmen sein, um sich den steigenden ESG-Herausforderung zu stellen.

Insbesondere die Integration von ESG-Anforderungen in die Organisationsstruktur der täglichen Arbeit ist mit einem hohen Personalbedarf verbunden und muss langfristig optimiert werden. Nur so kann eine nachhaltige Ausrichtung der Immobilienbestände auf Dauer gewährleistet werden (Kreutel et al. 2021). Die Transformation eines vorhandenen Unternehmensportfolios ist zudem nur bedingt möglich. Daher sollte stärker auf die Einhaltung der in Abschnitt 2.3 beschriebenen Nachhaltigkeitsaspekte bei der Projektentwicklung neuer Immobilien geachtet werden. Grundsätzlich sollten Unternehmen heute nur noch Immobilien in ihr Portfolio aufnehmen, die beim Ankauf oder der Entwicklung bereits ESG-Standards entsprechen.

3.3 Strukturwandel und Nachhaltigkeitsbewusstsein

Spätestens seit der *Fridays for Future-Bewegung* steht das Thema Nachhaltigkeit ganz oben auf der Agenda der Führungskräfte in Unternehmen. Insbesondere aufgrund der sichtbaren Auswirkungen des Klimawandels ist das Thema Nachhaltigkeit in den letzten Jahren Teil vieler Geschäftsmodelle geworden. Infolgedessen erfährt auch die nachhaltige Entwicklung von Immobilien eine wahre Renaissance (Kreutel et al. 2021). Hinzu kommt, dass aufgrund der Globalisierung immer mehr Industriestandorte in unserem Land schließen. Bereits seit vielen Jahren verlagert sich die Produktion in Niedriglohnländer und Werksschließungen werden regelmäßig in den Medien publiziert (Brühl 2015).

Gleichzeitig lässt sich in Westeuropa ein stetig wachsendes Selbstbewusstsein und die Einforderung von Mitgestaltungsmöglichkeiten bei jüngeren Generationen von Mitarbeitern beobachten. Dies bezieht sich vor allem auch auf die Gestaltung von Arbeitsplätzen, aber auch auf die nachhaltige Außendarstellung der Organisationen gegenüber der Gesellschaft. Somit unterliegen Unternehmen heute einer gesellschaftlichen Verantwortung (Corporate Social Responsibility), der sie nur durch nachhaltiges Handeln gerecht werden können. Eine detaillierte Handlungsanweisung bietet hierzu die internationale Norm ISO 26000. Sie stellt den Unternehmen auf freiwilliger Basis die Möglichkeit ihre gesellschaftliche Verantwortung nachhaltig zu gestalten (Eisele 2021).

Nach Einschätzung von Batz (2021) sind die Begriffe der nachhaltigen Entwicklung und Corporate Social Responsibility (CSR) eng miteinander verknüpft. Wobei sich der Begriff der *nachhaltigen Entwicklung* insbesondere auf die Leitidee der globalen und gesellschaftlichen Weiterentwicklung bezieht. Diese ist in der Regel vor allem politisch und gesellschaftlich beeinflusst. Hingegen verweist der Begriff *CSR* seiner Meinung nach auf die explizite Verantwortung von Unternehmen, ihre Entscheidungen und ihr Handeln im Sinne einer nachhaltigen Zukunft auszurichten. Somit befindet sich heute jedes größere Unternehmen in einer Art Nachhaltigkeitswettbewerb. Schließlich kann davon ausgegangen werden, dass die neue Generation von Mitarbeitern ihre Entscheidungen für einen Arbeitgeber auch nach dem Nachhaltigkeitswert des jeweiligen Unternehmens trifft.

Denn bereits seit einigen Jahren ist der Kampf um die besten Arbeitsplätze, der *War for Talents*, voll ausgebrochen. Hintergrund ist der demographische Wandel, welcher die Anforderungen der jungen Generation von Mitarbeitern sichtbar erhöht. Aus diesem Grund tun Corporates heute alles, um sich als innovatives Unternehmen mit nachhaltigen Gebäuden nach außen darzustellen (Sluitner 2017).

Hinzu kommt, dass zunehmend auch Investoren nur noch in Unternehmen investieren, die gewisse Nachhaltigkeitsstandards in ihrer Wertschöpfungskette abbilden. So geht Kreutel et al. (2021) schon heute davon aus, dass das Umsetzen von ESG-Kriterien und das Aufzeigen von ESG-Risiken zu einer der wesentlichen Aufgaben des Managements deutscher Unternehmen wird. Weiterhin wächst eine neue Generation von Geldgebern heran, die Renditen und Wertzuwächse ausschließlich mit ESG-konformen Organisationen erzielen möchten.

Aus diesem Grund stehen Unternehmen in unserem Land weiterhin vor dem Problem der CO2-Neutralität. Damit ist die Investition in nachhaltige Immobilien nicht länger eine optionale Entscheidung, sondern eine verbindliche Aufgabe für die Zukunft. Schließlich sind die Gebäudebestände in unserem Land ein wesentlicher Verursacher von Kohlendioxid (CO_2) – Emissionen (Eisele 2021). Gemäß dem Umweltbundesamt (2021) machen Kohlendioxid – Emissionen allein nur 87 % der Treibhausgase aus, welche die Umwelt unseres Planeten gefährden und damit den Klimawandel beschleunigen (s. Abs. 2.1). Umso erfreulicher ist es, dass der Kohlendioxidwert wie in Abbildung 7 dargestellt, in Deutschland bereits seit 1990 rückläufig ist. Dennoch wird die Immobilienwirtschaft und insbesondere auch das CREM in den nächsten Jahren einen deutlichen Beitrag leisten müssen. Nur durch das Aufrüsten von Immobilienbeständen und das Einhalten von wichtigen Nachhaltigkeitsstandards bei Neubauten kann eine Treibhausgas-Neutralität bis 2045 überhaupt in Deutschland erreicht werden.

Abbildung 7: Kohlendioxid (CO_2) - Emissionen in Deutschland seit 1990

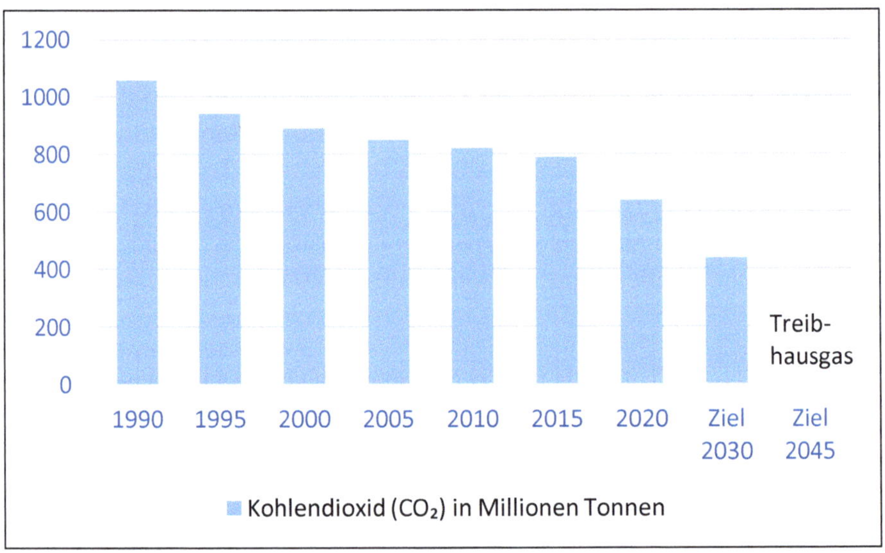

Quelle: Eigene Darstellung; Daten nach Umweltbundesamt 2021.

Erfreulicherweise gehen viele Immobilienexperten von Großunternehmen schon heute davon aus, dass Technologien wie Industrie 4.0 die Verringerung der Treibhausgasemissionen beschleunigen. Insbesondere in Produktionsunternehmen können neue Technologien beim Erreichen der Nachhaltigkeitsziele helfen. Denn sie ermöglicht es, dass die Produktionsmaschinen und die Gebäudetechnik sich nur noch im Bedarfsfall einschalten und diese so zur Emissionseinsparung im Unternehmen beitragen. Hinzu kommt der Einsatz von Solaranlagen und emissionsfreien Kraftwerken, dessen Umsetzung in viele Unternehmen bereits begonnen hat (Köster 2018). Demnach ist die Verwirklichung der Emissionsreduktion in vielen Unternehmen bereits im vollen Gange. Jetzt muss sie nur in den Immobilienabteilungen der Organisationen strukturiert vorangetrieben werden.

Eine erste Basis für diese Maßnahmen im CREM, in Bezug auf die Vorschriften zum Klimaschutz, sollte eine Analyse des Gebäudebestands sein. Die gesetzlichen Anforderungen für die Senkung des Energieverbrauchs und der Treibhausgasemissionen werden national aufgestellt und können hohe Nachinvestitionen erforderlich machen. Die institutionelle Immobilienwirtschaft, die Immobilien als Investition betrachtet, ist aktiv mit der Entwicklung von Analysetools und Rating- bzw. Scoring Verfahren (s. Abs. 2.2 und 3.2). Die Notwendigkeit der Nachinvestitionen für den Klimaschutz kann bei Gebäuden zu einer frühzeitigen wirtschaftlichen Überalterung führen, die von der Branche als „Stranded Assets" tituliert werden. Ein aufschlussreiches Instrument für die Analyse ist der Carbon Risk Real Estate Monitor (CRREM 2020), mit welchem ein zeitlich und kapitalseitig festgelegter Maßnahmenplan für den *Dekarbonisierungspfad* eines Gebäudes bestimmt werden kann. Dieser ist für verschiedene Nutzungsarten einsetzbar mit einem bisherigen Fokus auf europäische Länder. Eine Erweiterung für Nordamerika und Asien ist geplant (Bienert et al. 2020).

Was für Immobilieninvestoren eine wirtschaftliche Wirkung in Bezug auf Stranded Assets hat, kann für Unternehmen weitreichendere Folgen bei Untätigkeit haben. Die betriebsnotwendigen Standorte und Flächen müssen den nationalen Klimaschutz Auflagen genügen, so dass für den weiteren Betrieb ebenfalls Nachinvestitionen notwendig sein können oder Bußgelder für Emissionen bezahlt werden müssen, da ansonsten die Betriebserlaubnis nicht erhalten bleibt. Für Handlungsoptionen und Steuerungsimpulse für die Transformation des Gebäudebestands von Non-Property-Unternehmen können die Überlegungen und Aktivitäten der institutionellen Immobilieninvestoren ein Anhaltspunkt sein (Jürgensonn und Rösgen 2021b).

4 Handlungsempfehlung für das Corporate Real Estate Management

Im Corporate Real Estate Management wird der Bedarf an personellen Ressourcen aufgrund der erhöhten Nachhaltigkeitsanforderungen in den nächsten Jahren deutlich steigen. Gefragt sind ESG-Spezialisten, welche die neuen Nachhaltigkeitsstandards von der Projektentwicklung, über die Realisierung, bis hin zum Betreiben der Immobilien überwachen. Hierfür ist es jetzt notwendig, Bestandsmitarbeiter für das Thema ESG zu begeistern. Zusätzlich wird insbesondere eine Erweiterung der bestehenden IT-Systeme und Sensorik in den Gebäuden Notwendigkeit sein, um so die Messbarkeit von Nachhaltigkeitszielen zu gewährleisten. Nur so kann ein nachhaltiges Immobilienportfolio überhaupt entstehen und dauerhaft betrieben werden.

Somit ist es jetzt richtig, dass die Corporate Real Estate Manager deutscher Unternehmen nicht passiv abwarten, sondern aktiv agieren. Hierfür ist primär die Entwicklung von ESG-Standards für eigene Projektentwicklungen, den Gebäudebestand und das Anmieten externer Flächen unabdingbar. In diesem Kontext müssen soziale Aspekte bezogen auf das *Wohlfühlen der Mitarbeiter* am Arbeitsplatz und am Standort einen wichtigen Stellenwert einnehmen. Dieser kann erhöht werden, indem beispielsweise auf ehemalige Expansionsflächen am Standort, soziale Einrichtungen, urbane Stadtquartiere oder Erholungsflächen für die Mitarbeiter entwickelt werden.

Der Gesamtzusammenhang von Nachhaltigkeit, Unternehmensimmobilien und die daraus abgeleiteten Handlungsempfehlungen für das CREM findet sich im Überblick in Abbildung 8.

Abbildung 8: Zusammenhang Nachhaltigkeit, Unternehmensimmobilien und Handlungsempfehlungen

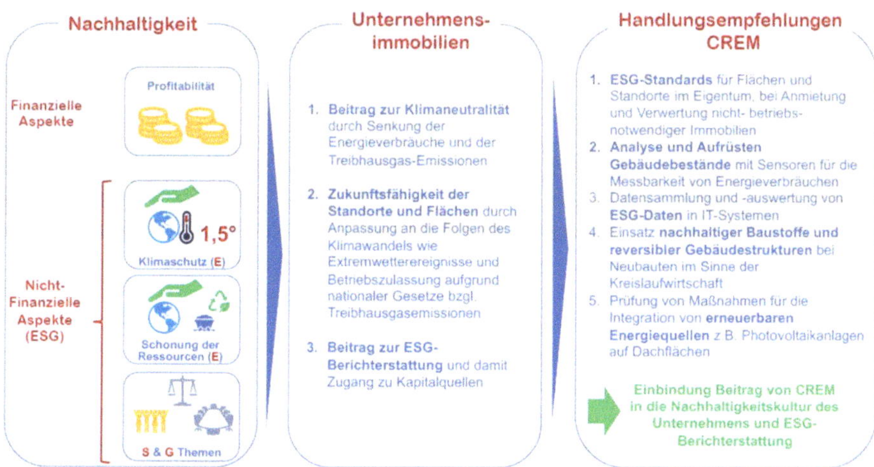

Quelle: Eigene Darstellung

Grundsätzlich werden die folgenden fünf Handlungsempfehlungen gem. Abbildung 8 für das Corporate Real Estate Management ausgesprochen:

1. Anpassung an ESG-Gesetzgebungen, Anwendung und Einhaltung von ESG-Standards bei Flächen, Standorten und Standortverlagerungen (insb. Anfahrbarkeit, ÖPNV, Wohnqualität im Umfeld).
2. Analyse und Aufrüsten der Gebäudebestände mit Sensoren für die Messbarkeit und Optimierung von Verbräuchen.
3. Erweiterung bestehender IT-Systeme zur verbesserten ESG-Datenerhebung und Datenmanagement.

4. Einsatz nachhaltiger Baustoffe und möglichst reversible Gebäudestrukturen bei Neubauten (insbesondere Produktionsimmobilien).
5. Prüfung von Dachflächen für Photovoltaikanlagen und Errichtung von emissionsfreien Kraftwerks-Lösungen zur Energieproduktion. Nutzung von Bio-Fernwärme, falls vorhanden.

5 Fazit

Das betriebliche Immobilienmanagement steht heute also vor einer grünen Revolution. In dieser reicht es nicht mehr aus, nachhaltige Immobilien für das eigene Unternehmen bereitzustellen. Corporate Real Estate Manager müssen heute transparent nach außen kommunizieren, welche ESG-Faktoren an welchem Standort berücksichtigt wurden. Hinzukommt, dass insbesondere die sozioökonomischen Standards, wie beispielsweise ein nachhaltiger Unternehmensstandort mit einer hohen Aufenthaltsqualität für die Mitarbeiter an Bedeutung gewonnen haben.

Insofern kommt der vorliegende Artikel zu dem folgenden Ergebnis: Die Einhaltung von ESG-Kriterien wird in den nächsten Jahren zum Standardwerkzeug für das CREM deutscher Großunternehmen. Egal, ob beim Bereitstellen, Betreiben oder Verwerten von Unternehmensimmobilien, die Nachhaltigkeitsgedanken der Unternehmensphilosophie werden allgegenwärtig sein. Dabei wird es die größte Herausforderung für die Immobilien-Manager der Unternehmen, die in der Unternehmensstrategie geforderten ESG-Anforderungen mit der Wirtschaftlichkeit der Immobilien zu vereinen.

Erhöhte ESG-Anforderungen werden in Zukunft, vor allem an innerstädtische Produktionsstandorte gestellt. Unter dem Leitwort „Urban Production“ entsteht eine neue, stadtnahe Produktion, die enormen Emissionsauflagen unterliegt. Die Umstellung der Produktion auf 3D-Drucktechnik kann zwar Emissionen erheblich reduzieren, erfordert jedoch meist neue Produktionsimmobilien. Hierbei können gestapelte Immobilien-Lösungen über mehrere Stockwerke nachhaltig Grundstücksflächen einsparen.

Weiterführend kann durch eine Initiative der Steuerung der CO2-Emissionen die Marktfähigkeit eines Immobilienportfolios erhöht werden. Dies wiederum gewährleistet das Sinken der Eigentumsquoten, welches von vielen Unternehmen aufgrund erhöhter Flexibilitäts- und Eigenkapitalanforderungen angestrebt wird. Bei der Transformation in klimaneutrale Unternehmen und Wirtschaft wird das Corporate Real Estate Management seinen Beitrag leisten müssen. Insbesondere die objektbezogene Datenerhebung und das Datenmanagement sind der erste notwendige Schritt, um konkret Energieverbräuche zu messen und den CO2-Ausstoss transparent zu machen.

LITERATURVERZEICHNIS

Batz M (2021) Nachhaltigkeit in der Sozialwirtschaft. Springer, Wiesbaden.

Bienert S, Schoemaker D, Vrensen, H J, Wein, J (2020) Managing Climate Change-Related Risks in Global Real Estate. In: Real Estate Issues, 21. Dezember 2020 (Vol. 44/Nr. 23), S 1-11.

Bloomberg (2021) ESG assets may hit $53 trillion by 2025, a third of global AUM. https://www.bloomberg.com/professional/blog/esg-assets-may-hit-53-trillion-by-2025-a-third-of-global-aum/. Zugegriffen: 23. August 2021.

BMZ (2021) Bundesministerium für wirtschaftliche Zusammenarbeit und Entwicklung. https://www.bmz.de/de/entwicklungspolitik/lieferketten/hintergrund-lieferketten-lieferkettengesetz. Zugegriffen: 29. September 2021.

BMU (2017) Bundesministerium für Umwelt, Naturschutz und nukleare Sicherheit (o.J.). Kyoto-Protokoll. https://www.bmu.de/themen/klimaschutz-anpassung/klimaschutz/internationale-klimapolitik/kyoto-protokoll. Zugegriffen: 29. September 2021.

BMU (2021) Die Klimakonferenz in Paris. https://www.bmu.de/themen/klimaschutz-anpassung/klimaschutz/internationale-klimapolitik/pariser-abkommen. Zugegriffen: 29. September 2021.

Bone-Winkel S, Focke C, Schulte K-W (2016) Begriff und Besonderheiten der Immobilie als Wirtschaftsgut. In: Schulte, K-W, Bone-Winkel S, Schäfers W (Hrsg): Betriebswirtschaftliche Grundlagen. 5. Auflage. Berlin u.a. 2016, S. 4-23.

Brühl V (2015) Wirtschaft des 21. Jahrhunderts. Herausforderungen in der Hightech-Ökonomie, 1. Aufl. Springer, Wiesbaden.

Bundesgesetzblatt (2017) Gesetz zur Stärkung der nichtfinanziellen Berichterstattung der Unternehmen in ihren Lage- und Konzernlageberichten (CSR-Richtlinie-Umsetzungsgesetz). https://www.bgbl.de/xaver/bgbl/start.xav?startbk=Bundesanzeiger_BGBl&start=//*%5b@attr_id=%27bgbl117s0802.pdf%27%5d#__bgbl__%2F%2F*%5B%40attr_id%3D%27bgbl117s0802.pdf%27%5D__1633938514371 Zugegriffen: 29. September 2021.

Bundesregierung (2021a) EU soll bis 2050 klimaneutral sein. https://www.bundesregierung.de/breg-de/themen/klimaschutz/mehr-klimaschutz-in-der-eu-1790042. Zugegriffen: 29. September 2021.

Bundesregierung (2021b) Generationenvertrag für das Klima. https://www.bundesregierung.de/breg-de/themen/klimaschutz/klima schutzgesetz-2021-1913672. Zugegriffen: 29. September 2021.

Carstensen S, Fieback A, Freitag D, Rohr O, Völtz P, Wiegner A (2021) Frühjahrsgutachten Büro-, Unternehmens-, Logistik- und Hotelimmobilien 2021. In: ZIA Zentraler Immobilien Ausschuss (Hrsg). Frühjahrsgutachten Immobilienwirtschaft. Berlin.

CRREM (2020) Carbon Risk Real Estate Monitor. Report on Completion of Pilot Testing Phase. Wörgl/Österreich: IIÖ Institut für Immobilienökonomie GmbH.

DRSC (2017) Deutsches Rechnungslegungs Standards Committee e.V. https://www.drsc.de/projekte/csr-richtlinie/. Zugegriffen: 01. Oktober 2021.

ECORE – ESG Circle of Real Estate (2021a) Immobilienwirtschaft DACH entwickelt europäischen Nachhaltigkeitsstandard ECORE. Pressemitteilung. Köln, 09. Februar 2021.

ECORE – ESG Circle of Real Estate (2021b) Führende Dienstleister der Immobilienwirtschaft unterstützen auf dem Weg zu klimaneutralen Gebäudebeständen. Pressemitteilung. Köln, 10. März 2021.

ECORE – ESG Circle of Real Estate (2021c) ECORE-ANSATZ: Das Scoring enthält alle relevanten Aspekte von Environment, Social und Governance. https://www.ecore-scoring.com. Zugegriffen: 26. September 2021.

Eisele O (2021) Nachhaltigkeitsmanagement – Handbuch für die Unternehmenspraxis. ifaa – Institut für angewandte Arbeitswissenschaft (Hrsg). Springer, Wiesbaden.

Empa (2021) Urban Mining & Recycling. https://www.empa.ch/de/web/nest/urban-mining. Zugegriffen: 01. Oktober 2021.

European Commission (2018) Commission legislative proposals on sustainable finance. https://ec.europa.eu/info/publications/180524-proposal-sustainable-finance_en#investment. Zugegriffen am 29. September 2021.

European Commission (2021a) EU taxonomy for sustainable activities. 1. https://ec.europa.eu/info/business-economy-euro/banking-and-finance/sustainable-finance/eu-taxonomy-sustainable-activities_en#documents. Zugegriffen: 01. Oktober 2021.

European Commission (2021b) EU Sustainable Finance Strategy. https://ec.europa.eu/info/sites/default/files/business_economy_euro/banking_and_finance/documents/210706-sustainable-finance-strategy-factsheet_en.pdf. Zugegriffen: 01. Oktober 2021.

Europäische Kommission (2018) Aktionsplan: Finanzierung nachhaltigen Wachstums. https://eur-lex.europa.eu/legal-content/DE/TXT/PDF/?uri=CELEX:52018DC0097&from=EN. Zugegriffen: 29. September 2021.

Europäische Kommission (2021a) Klimaschutz und Grüner Deal. https://ec.europa.eu/info/strategy/priorities-2019-2024/european-green-deal/climate-action-and-green-deal_de. Zugegriffen: 01. Oktober 2021.

Europäische Kommission (2021b) „Fit für 55“: Auf dem Weg zur Klimaneutralität – Umsetzung des EU-Klimaziels für 2030. https://eur-lex.europa.eu/legal-content/DE/TXT/?uri=CELEX%3A52021DC0550. Zugegriffen: 01. Oktober 2021.

Europäische Kommission (2021c) Umsetzung des europäischen Grünen Deals. https://ec.europa.eu/info/strategy/priorities-2019-2024/european-green-deal/delivering-european-green-deal_de#sanierung-von-gebuden-fr-einen-grneren-lebensstil. Zugegriffen: 01. Oktober 2021.

Europäische Kommission (2021d) Buildings Factsheet. https://ec.europa.eu/commission/presscorner/detail/de/fs_21_3673. Zugegriffen: 01. Oktober 2021.

EU-Offenlegungsverordnung (2019) VERORDNUNG (EU) 2019/2088 DES EUROPÄISCHEN PARLAMENTS UND DES RATES vom 27. November 2019 über nachhaltigkeitsbezogene Offenlegungspflichten im Finanzdienstleistungssektor. https://eur-lex.europa.eu/legal-content/DE/ALL/?uri=CELEX:32019R2088. Zugegriffen: 01. Oktober 2021.

Europäische Union (2020) VERORDNUNG (EU) 2020/852 DES EUROPÄISCHEN PARLAMENTS UND DES RATES vom 18. Juni 2020 über die Einrichtung eines Rahmens zur Erleichterung nachhaltiger Investitionen und zur Änderung der Verordnung 2019/2088. https://eur-lex.europa.eu/legal-content/DE/ALL/?uri=CELEX:32019 R2088. Zugegriffen: 01. Oktober 2021.

EY (2021) Sind Unternehmen für die künftigen Anforderungen der Nachhaltigkeitsberichterstattung gewappnet? https://www.ey.com/de_de/decarbonization/6-faktoren-die-in-bezug-auf-die-csr-richtlinie-2-0-wichtig-sind. Zugegriffen: 01. Oktober 2021.

Glatte T (2019) Corporate Real Estate Management. Schnelleinstieg für Architekten und Bauingenieure. Springer, Wiesbaden.

Greiten T (2021) Übersicht über die wichtigsten ESG-Ratings – und was sie für die Finanzkommunikation bedeuten. https://www.netfed.de/blog/2021/02/04/uebersicht-ueber-die-wichtigsten-esg-rankings-und-was-sie-fuer-die-finanzkommunikation-bedeuten/. Zugegriffen am 29. September 2021.

GRESB (2021) The Global ESG Benchmark for Real Assets. https://gresb.com. Zugegriffen: 20. August 2021.

Herzog K (2021) ESG und Nachhaltigkeit in der Immobilienbranche. In: gif im Fokus, Ausgabe 1/2021, S 5-9.

ISS (2020) Institutional Shareholder Services. ISS stellt innovatives ESG-Fondsrating vor. https://www.issgovernance.com/iss-stellt-innovatives-esg-fonds-rating-vor/. Zugegriffen am 20. August 2021.

Jürgensonn von I (1998) Strategische Optionen für das Corporate Real Estate Management – Beiträge zum Shareholder Value-Management. Dissertation, Wirtchaftsuniversität Wien.

Jürgensonn von I (2021) ESG-Ansätze bei Immobilien Anlageprodukten – Verantwortung oder Versuchung? Nachhaltige Investitionen als Impact Opportunität des Jahrhunderts. In: Journal für korporative Kommunikation, Ausgabe 1/2021, S 2-13.

Jürgensonn von I, Rösgen K (2021a) Nachhaltigkeit bei der Kapitalanlage von Versicherungen – Steuerungsimpulse für nachhaltige Immobilienanlagen. In: Zeitschrift für Versicherungswesen (ZfV) 12/2021, S 370-376.

Jürgensonn von I, Rösgen K (2021b) Nachhaltigkeit bei der Kapitalanlage von Versicherungen – Auswirkungen aus dem EU Green Deal auf die Assetklasse Immobilien. In: Zeitschrift für Versicherungswesen (ZfV) 11/2021, S 422-425.

Köster G N (2018) Strategiemodell zur Projektentwicklung von Unternehmensimmobilien. Dissertation, Bauhaus-Universität Weimar.

Kreutel S, Hinzmann E, Wollenhaupt F (2021) PWC - Real Estate Benchmark Studie 2021. ESG – der große Wandel in der Immobilienbranche. Frankfurt am Main.

May A, Eschenbaum F, Breitenstein O (1998) Projektentwicklung im CRE-Management. Springer, Wiesbaden.

Meadows DL, Meadows DH, Zahn E, Milling P (1972) Die Grenzen des Wachstums. Bericht des Club of Rome zur Lage der Menschheit. Stuttgart: Deutsche Verlags-Anstalt.

MSCI (2021) ESG Indexes. https://www.msci.com/our-solutions/esg-investing/esg-indexes. Zugegriffen: 20. August 2021.

Pfnür A (2014) Volkswirtschaftliche Bedeutung von Corporate Real Estate in Deutschland. ZIA Zentraler Immobilien Ausschuss, Berlin.

Pfnür A (2019a) Herausforderungen des Corporate Real Estate Managements im Strukturwandel. ZIA Zentraler Immobilien Ausschuss, Berlin.

Pfnür A (2019b) Zukunft der Arbeit. ZIA Zentraler Immobilien Ausschuss, Berlin.

Pfnür A (2019c) Mitten im Strukturwandel – Herausforderungen für das CREM. ZIA Zentraler Immobilien Ausschuss, Berlin.

Pfnür A (2020) ZIA-CREM-Studie 2020 - Die Rolle der öffentlichen Hand in der immobilienwirtschaftlichen Transformation deutscher Unternehmen. In: Pfnür A (Hrsg) Arbeitspapiere zur immobilienwirtschaftlichen Forschung und Praxis, Band Nr. 40, Technische Universität Darmstadt.

PRI (2021) About the PRI. https://www.unpri.org/pri/about-the-pri. Zugegriffen: 18. August 2021.

Rommerskirchen, J., Roslon, M. (2020). Einführung in die moderne Unternehmenskommunikation. Springer Gabler, Wiesbaden.

Schäfers W, Gier S, Dietzel M (2016) Betriebliches Immobilienmanagement. In: Schulte K-W, Bone-Winkel S, Schäfers W (Hrsg): Betriebswirtschaftliche Grundlagen. 5. Auflage. Berlin u.a.

Schäfers W, Schulte K-W (1998) Einführung in das Corporate Real Estate Management. In: Schulte K-W, Schäfers W (Hrsg): Handbuch Corporate Real Estate Management. Rudolf Müller, Köln, S 25-52.

Schäfers W (1998) Corporate Real Estate Management in deutschen Unternehmen: Ergebnisse einer empirischen Untersuchung. In: Schulte K-W, Schäfers W (Hrsg): Handbuch Corporate Real Estate Management. Rudolf Müller, Köln, S 53-80.

Sluitner Z (2017) Bedeutung von professionellem CREM nimmt zu. In: Immobilien & Finanzierung, 15. Februar 2017 (Nr. 04), S 10-12.

Statistisches Bundesamt (2021) Umweltökonomische Gesamtrechnungen. Direkt und indirekt – versteckte Energie und Emissionen. https://www.destatis.de/DE/Themen/Gesellschaft-Umwelt/Umwelt/UGR/energiefluesse-emissionen/Glossar/direkt-indirekt-energie-emissionen.html. Zugegriffen: 27. August 2021.

Sustainalytics (2021a) Company ESG Risk Ratings. https://www.sustainalytics.com/esg-ratings/. Zugegriffen: 20. August 2021.

Sustainalytics (2021b) Sustainalytics Launches its EU Taxonomy Solution. https://www.sustainalytics.com/investor-solutions/esg-research/eu-sustainable-finance-action-plan-solutions/eu-taxonomy-solution. Zugegriffen: 20. August 2021.

Umweltbundesamt (2021) Kohlendioxid-Emissionen 2020. https://www.umweltbundesamt.de/daten/klima/treibhausgas-emissionen-in-deutschland/kohlendioxid-emissionen#kohlendioxid-emissionen-im-vergleich-zu-anderen-treibhausgasen. Zugegriffen: 28. Juli 2021.

UN (2015). Sustainable Development Goals. https://sdgs.un.org/goals. Zugegriffen am 29. September 2021.

UN Environment Programme (2020) Global Status Report for Buildings and Construction. https://wedocs.unep.org/bitstream/handle/20.500.11822/34572/GSR_ES.pdf?sequence=3&isAllowed=y. Zugegriffen: 27. August 2021.

Wehrmann N, Angermeier C (2020) EY Real Estate Asset-Management-Studie 2020. Ernst & Young Real Estate GmbH, Berlin.